essentials

Essentials liefern aktuelles Wissen in konzentrierter Form. Die Essenz dessen, worauf es als „State-of-the-Art" in der gegenwärtigen Fachdiskussion oder in der Praxis ankommt, komplett mit Zusammenfassung und aktuellen Literaturhinweisen. Essentials informieren schnell, unkompliziert und verständlich

- als Einführung in ein aktuelles Thema aus Ihrem Fachgebiet
- als Einstieg in ein für Sie noch unbekanntes Themenfeld
- als Einblick, um zum Thema mitreden zu können.

Die Bücher in elektronischer und gedruckter Form bringen das Expertenwissen von Springer-Fachautoren kompakt zur Darstellung. Sie sind besonders für die Nutzung als eBook auf Tablet-PCs, eBook-Readern und Smartphones geeignet. Essentials: Wissensbausteine aus Wirtschaft und Gesellschaft, Medizin, Psychologie und Gesundheitsberufen, Technik und Naturwissenschaften. Von renommierten Autoren der Verlagsmarken Springer Gabler, Springer VS, Springer Medizin, Springer Spektrum, Springer Vieweg und Springer Psychologie

Weitere Bände dieser Reihe finden Sie unter http://www.springer.com/series/13088

Siegmund Brandt · Hans Dieter Dahmen

Mechanik

Vom Massenpunkt zum starren Körper

Siegmund Brandt
Siegen, Deutschland

Hans Dieter Dahmen
Siegen, Deutschland

ISSN 2197-6708
essentials
ISBN 978-3-658-13119-7
DOI 10.1007/978-3-658-13120-3

ISSN 2197-6716 (electronic)

ISBN 978-3-658-13120-3 (eBook)

Die Deutsche Nationalbibliothek verzeichnet diese Publikation in der Deutschen Nationalbibliografie; detaillierte bibliografische Daten sind im Internet über http://dnb.d-nb.de abrufbar.

Springer Spektrum

Gedruckt auf säurefreiem und chlorfrei gebleichtem Papier.

Springer-Verlag GmbH Berlin Heidelberg ist Teil der Fachverlagsgruppe Springer Science+Business Media
(www.springer.com)

Was Sie in diesem Essential finden können

Die Mechanik ist eines der grundlegenden Teilgebiete der Physik. In diesem Essential konzentrieren wir uns auf die Vermittlung der wichtigsten Grundbegriffe, der Newtonschen Gesetze und der aus ihnen abgeleiteten Erkenntnisse.

- Sie lernen die Begriffe Geschwindigkeit, Beschleunigung, Kraft, Energie, Impuls, Drehmoment, Drehimpuls, Leistung und Wirkung kennen.
- Die Bewegung eines einzelnen Massenpunkts wird an den klassischen Beispielen Pendel, Fall, Wurf und Planetenbewegung verdeutlicht.
- In Systemen mehrerer Massenpunkte finden Sie unter bestimmten Umständen die Erhaltung von Energie, Impuls und Drehimpuls.
- Den starren Körper betrachten Sie für den Fall seiner Bewegung im eine feste Achse.
- Die Bedeutung verschiedener Bezugssysteme für die Beschreibung mechanischer Vorgänge lernen Sie im letzten Kapitel kennen.

Vorwort

Die Mechanik ist das älteste Teilgebiet der Physik als exakter Wissenschaft. Viele ihrer Begriffe sind auch in anderen Teilgebieten von Bedeutung. Deshalb steht sie gewöhnlich am Anfang des Studiums der Physik.

Dieses Essential orientiert sich an unserem Lehrbuch *Mechanik* (siehe Literaturverzeichnis), das im Text als [M] zitiert wird. Es stellt gewisse mathematische Anforderungen an die Leserinnen und Leser, nämlich solide (Schul-)Kenntnisse der Differential- und Integralrechnung einer Variablen und Kenntnisse der Vektorrechnung. Eine knappe Darstellung des letztgenannten Gebiets finden Sie in [M], Anhang B und C.

Schwerpunkte dieses Essentials sind die Vermittlung der wichtigsten Begriffe und Methoden der Mechanik. Dabei werden Zwischenrechnungen nur skizziert oder ganz weggelassen. Sie können in [M] nachvollzogen werden. Das Gebiet der Schwingungen und Wellen ist in einem separaten Essential dargestellt.

Siegmund Brandt
Hans Dieter Dahmen

Inhaltsverzeichnis

Einleitung 1

1.1 Raum, Zeit, Masse. Dimension und Einheit

Wir leben und beobachten die Natur in einem Raum mit drei Dimensionen unter dem Einfluss der gleichmäßig dahin fließenden Zeit. Der Abstand zwischen zwei Punkten im Raum ist eine *Länge* ℓ, der Abstand zwischen zwei Zeitpunkten ist eine *Zeit t*. Jeder Köper besitzt eine *Masse m*, die sich z. B. in seiner Schwere äußert. Längen werden mit einem Maßstab, Zeiten mit einer Uhr und Massen mit einer Waage gemessen. Das Ergebnis einer Messung wird durch Angabe von *Maßzahl* und *Einheit* festgehalten. Wir verwenden das internationale Einheitensystem SI, das als Einheiten von Länge, Zeit und Masse den *Meter* (m), die *Sekunde* (s) und das *Kilogramm* (kg) festlegt. In der Mechanik betrachten wir Länge, Zeit und Masse als *Grundgrößen*, ihre SI-Einheiten als *Basiseinheiten*. Alle anderen Größen bzw. Einheiten können aus diesen abgeleitet werden. Als Beispiel betrachten wir eine Fläche. Man sagt: Für die *Dimension* der Fläche gilt dim(Fläche) = dim(Länge · Länge) = dim($\ell \cdot \ell$) = dim(ℓ^2) oder – ausgesprochen – die Dimension der Fläche ist die Dimension der Länge im Quadrat; die Einheit der Fläche ist m^2. Allgemein gilt, dass die Dimensionen bzw. Einheiten von abgeleiteten Größen Produkte von Potenzen der Grundgrößen bzw. Basiseinheiten sind. Man beachte, dass es Größen mit Dimension und Einheit Eins gibt, z. B. den Winkel mit dim(Winkel) = dim(ℓ/ℓ) = dim(1). Solche Größen heißen manchmal (nicht ganz korrekt) dimensionslos.

1.2 Vektoren

Die Beschreibung von Vorgängen im Raum wird durch Benutzung von Vektoren erleichtert. Wir definieren einen *Vektor* als eine gerichtete Stre"cke endlicher Länge im Raum und stellen ihn graphisch durch einen Pfeil dar, dessen Länge gleich dem

© Springer Fachmedien Wiesbaden 2016

S. Brandt, H.D. Dahmen, *Mechanik*, essentials, DOI 10.1007/978-3-658-13120-3_1

Betrag des Vektors ist und dessen Richtung mit der des Vektors übereinstimmt. Wir bezeichnen Vektoren mit Symbolen $\mathbf{a}, \mathbf{b}, \ldots$ und ihre Beträge mit $|\mathbf{a}| = a, |\mathbf{b}| = b, \ldots$

Die Multiplikation eines Vektors mit einer Zahl, $\mathbf{b} = c\mathbf{a}$, multipliziert nur den Betrag und lässt die Richtung unverändert. Ist die Zahl negativ, kehrt sich die Richtung um. Multiplikation mit Null ergibt einen Vektor $\mathbf{0}$ vom Betrag Null und unbestimmter Richtung. Ein *Einheitsvektor* ist ein Vektor vom Betrag Eins. Den Einheitsvektor in Richtung des Vektors $\mathbf{a}$ bezeichnen wir mit $\hat{\mathbf{a}} = \mathbf{a}/a$.

Der Summenvektor $\mathbf{c} = \mathbf{a} + \mathbf{b}$ wird konstruiert, indem man den Fußpunkt des Vektorpfeils $\mathbf{b}$ an der Spitze des Vektorpfeils $\mathbf{a}$ ansetzt und als $\mathbf{c} = \mathbf{a} + \mathbf{b}$ den Vektorpfeil gewinnt, der vom Fußpunkt von $\mathbf{a}$ zur Spitze von $\mathbf{b}$ zeigt. Die Vektoraddition ist kommutativ, $\mathbf{a} + \mathbf{b} = \mathbf{b} + \mathbf{a}$, und assoziativ, $(\mathbf{a} + \mathbf{b}) + \mathbf{c} = \mathbf{a} + (\mathbf{b} + \mathbf{c})$. Die Subtraktion lässt sich auf die Addition zurückführen, $\mathbf{c} = \mathbf{a} - \mathbf{b} = \mathbf{c} = \mathbf{a} + (-\mathbf{b}) = \mathbf{a} + (-1)\mathbf{b}$.

Als *Skalarprodukt* zweier Vektoren $\mathbf{a}$ und $\mathbf{b}$ definieren wir die Zahl (in diesem Zusammenhang auch *Skalar* genannt) $c = \mathbf{a} \cdot \mathbf{b} = |\mathbf{a}|\,|\mathbf{b}| \cos\alpha$. Dabei ist α der von beiden Vektoren eingeschlossene Winkel. Das Skalarprodukt ist kommutativ, $\mathbf{a} \cdot \mathbf{b} = \mathbf{b} \cdot \mathbf{a}$, linear, $(c\mathbf{a}) \cdot \mathbf{b} = \mathbf{a} \cdot (c\mathbf{b}) = c(\mathbf{a} \cdot \mathbf{b})$, und distributiv, $\mathbf{a} \cdot (\mathbf{b} + \mathbf{c}) = \mathbf{a} \cdot \mathbf{b} + \mathbf{a} \cdot \mathbf{c}$. Das Skalarprodukt eines Vektors mit sich selbst nennen wir das Quadrat des Vektors. Es ist gleich dem Quadrat seines Betrages, denn, da $\cos 0 = 1$, gilt $\mathbf{a} \cdot \mathbf{a} = \mathbf{a}^2 = a^2$.

Unter dem *Vektorprodukt* $\mathbf{c} = \mathbf{a} \times \mathbf{b}$ zweier Vektoren $\mathbf{a}, \mathbf{b}$ verstehen wir einen Vektor, der auf $\mathbf{a}$ und $\mathbf{b}$ senkrecht steht, so dass $\mathbf{a}$, $\mathbf{b}$ und $\mathbf{c}$ ein Rechtssystem bilden. Seine Länge ist $|\mathbf{a} \times \mathbf{b}| = |\mathbf{a}||\mathbf{b}| \sin\alpha$. Die Vektoren $\mathbf{a}$ und $\mathbf{b}$ spannen eine Ebene im Raum auf. Das durch sie definierte Parallelogramm hat den Flächeninhalt $|\mathbf{a} \times \mathbf{b}|$. Die Forderung, dass $\mathbf{a} \times \mathbf{b}$ senkrecht auf dieser Ebene steht, lässt noch genau zwei (entgegengesetzte) Richtungen zu. Da man jedoch zusätzlich ein Rechtssystem fordert, ist die Richtung eindeutig. Der Begriff *Rechtssystem* hat dabei folgende Bedeutung: Wenn man $\mathbf{a}$ in Richtung von $\mathbf{b}$ um den kleineren Winkel dreht, so hat $\mathbf{c}$ die Richtung, in die sich eine Rechtsschraube bewegt, die man bei dieser Drehung festziehen würde. Diese Vorschrift wird durch die *Rechte-Hand-Regel* veranschaulicht: Zeigt der Daumen der rechten Hand in $\mathbf{a}$- Richtung, der Zeigefinger in $\mathbf{b}$- Richtung und steht der Mittelfinger senkrecht auf beiden, so zeigt er in die Richtung von $\mathbf{c}$. Das Vektorprodukt ist antikommutativ, $\mathbf{a} \times \mathbf{b} = -(\mathbf{b} \times \mathbf{a})$, aber, wie das Skalarprodukt, linear und distributiv. Für das doppelte Vektorprodukt gilt der *Entwicklungssatz* $\mathbf{a} \times (\mathbf{b} \times \mathbf{c}) = (\mathbf{a} \cdot \mathbf{c})\mathbf{b} - (\mathbf{a} \cdot \mathbf{b})\mathbf{c}$.

Als *Spatprodukt* oder *gemischtes Produkt* dreier Vektoren bezeichnet man den Ausdruck $\mathbf{a} \cdot (\mathbf{b} \times \mathbf{c})$. Es ist eine Zahl, die (bis auf ihr Vorzeichen) gleich dem Volumen des aus den drei Vektoren aufgespannten Parallelepipeds (zu deutsch *Spat* wie in Kalkspat) ist. Bei *zyklischer Vertauschung* der Faktoren ändert sich das Spatprodukt nicht, während bei Vertauschung benachbarter Faktoren ein Vorzeichenwechsel eintritt, also $\mathbf{a} \cdot (\mathbf{b} \times \mathbf{c}) = \mathbf{c} \cdot (\mathbf{a} \times \mathbf{b}) = \mathbf{b} \cdot (\mathbf{c} \times \mathbf{a})$ und $\mathbf{a} \cdot (\mathbf{b} \times \mathbf{c}) = -\mathbf{a} \cdot (\mathbf{c} \times \mathbf{b})$.

Alle bisherigen Aussagen über Vektoren gelten unabhängig von einem Koordinatensystem. Allerdings ist es oft nützlich, sich auf solches System zu beziehen, z. B. auf ein *kartesisches Koordinatensystem*. Es wird durch drei Einheitsvektoren $\mathbf{e}_x = \mathbf{e}_1$, $\mathbf{e}_y = \mathbf{e}_2$, $\mathbf{e}_z = \mathbf{e}_3$, definiert, die senkrecht aufeinander stehen, ein Rechtssystem bilden und *Basisvektoren* des Systems heißen. Für alle möglichen Skalarprodukte der Basisvektoren gilt dann $\mathbf{e}_i \cdot \mathbf{e}_j = \delta_{ij}$. Dabei ist δ_{ij} das *Kroneckersymbol*: $\delta_{ij} = 0$ für $i \neq j$ und $\delta_{ij} = 1$ für $i = j$. Die *Komponenten* des Vektors $\mathbf{a}$ sind seine Skalarprodukte mit den Basisvektoren, $a_i = \mathbf{a} \cdot \mathbf{e}_i$; der Vektor selbst ist die Summe seiner Komponenten, multipliziert mit den jeweiligen Basisvektoren, $\mathbf{a} = a_1\mathbf{e}_1 + a_2\mathbf{e}_2 + a_3\mathbf{e}_3$. Ist einmal ein Koordinatensystem festgelegt, so ist ein Vektor durch seine Komponenten eindeutig gekennzeichnet. Man gibt ihn daher oft als *Spaltenvektor* in der Form

$$(\mathbf{a}) = \begin{pmatrix} a_1 \\ a_2 \\ a_3 \end{pmatrix}$$

an. Es ergeben sich folgende Rechenregeln

$$c(\mathbf{a}) = c\begin{pmatrix} a_1 \\ a_2 \\ a_3 \end{pmatrix} = \begin{pmatrix} ca_1 \\ ca_2 \\ ca_3 \end{pmatrix} = (c\mathbf{a}),$$

$$(\mathbf{c}) = (\mathbf{a} \pm \mathbf{b}) = \begin{pmatrix} c_1 \\ c_2 \\ c_3 \end{pmatrix} = \begin{pmatrix} a_1 \pm b_1 \\ a_2 \pm b_2 \\ a_3 \pm b_3 \end{pmatrix},$$

$$\mathbf{a} \cdot \mathbf{b} = \sum_{i=1}^{3} a_i b_i = a_1 b_1 + a_2 b_2 + a_3 b_3,$$

$$(\mathbf{a} \times \mathbf{b}) = (a_2 b_3 - a_3 b_2)\mathbf{e}_1 + (a_3 b_1 - a_1 b_3)\mathbf{e}_2 + (a_1 b_2 - a_2 b_1)\mathbf{e}_3.$$

Die *Ableitung* eines Vektors $\mathbf{x}(t)$, der die Funktion eines Parameters t (z. B. der Zeit) ist, nach diesem Parameter ist ein Vektor, dessen Komponenten die Ableitungen der Komponeneten des ursprünglichen Vektors sind,

$$\frac{d\mathbf{x}(t)}{dt} = \lim_{\Delta t \to 0} \frac{\mathbf{x}(t + \Delta t) - \mathbf{x}(t)}{\Delta t} = \frac{dx_1}{dt}\mathbf{e}_1 + \frac{dx_2}{dt}\mathbf{e}_2 + \frac{dx_3}{dt}\mathbf{e}_3.$$

Als *Ortsvektor* **r** bezeichnen wir den Vektor der vom Ursprung zu dem Ort mit den Koordinaten x, y, z zeigt, $\mathbf{r} = x\mathbf{e}_x + y\mathbf{e}_y + z\mathbf{e}_z$. Eine skalare Funktion des Ortes $s(\mathbf{r}) = s(x, y, z)$ nennen wir ein skalares *Feld*. Durch Anwendung eines vektoriellen Differentialoperators, des *Nabla-Operators*

$$\nabla = \mathbf{e}_x \frac{\partial}{\partial x} + \mathbf{e}_y \frac{\partial}{\partial y} + \mathbf{e}_z \frac{\partial}{\partial z} \,,$$

gewinnen den *Gradienten* von s, der ein *Vektorfeld* ist,

$$\operatorname{grad} s(\mathbf{r}) = \nabla s(\mathbf{r}) = \mathbf{e}_x \frac{\partial s}{\partial x} + \mathbf{e}_y \frac{\partial s}{\partial y} + \mathbf{e}_z \frac{\partial s}{\partial z} \,.$$

Die Richtung des Gradienten ist die Richtung des größten Anstieges der Funktion s. Mit $r^2 = x^2 + y^2 + z^2$ rechnet man nach: $\nabla r = \mathbf{r}/r = \hat{\mathbf{r}}$ und $\nabla(1/r) = -\hat{\mathbf{r}}/r^2 = -\mathbf{r}/r^3$.

Neben kartesischen Koordinaten werden *Kugelkoordinaten* benutzt. Der Ortsvektor **r** kann statt durch seine kartesischen Koordinaten x, y, z auch durch seinen Betrag r, den Polarwinkel ϑ und den Azimutwinkel φ charakterisiert werden. Aus Abb. 1.1 liest man ab:

$$x = r \sin\vartheta \cos\varphi \,, \qquad y = r \sin\vartheta \sin\varphi \,, \qquad z = r \cos\vartheta \,.$$

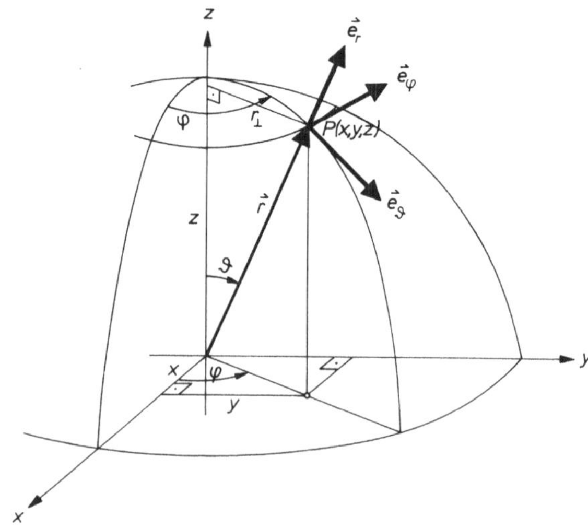

Abb. 1.1 Kartesische Koordinaten x, y, z und Kugelkoordinaten r, ϑ, φ

Als Basissystem am Ort $\mathbf{r}$ wählt man die Einheitsvektoren, die in die Richtung wachsender Werte von r bzw. ϑ bzw. φ zeigen (dabei werden jeweils die beiden anderen Koordinaten konstant gehalten). In kartesischen Koordinaten haben diese Basisvektoren $\mathbf{e}_r, \mathbf{e}_\vartheta, \mathbf{e}_\varphi$ die Darstellung

$$(\mathbf{e}_r) = \begin{pmatrix} \sin\vartheta\cos\varphi \\ \sin\vartheta\sin\varphi \\ \cos\vartheta \end{pmatrix}, \quad (\mathbf{e}_\vartheta) = \begin{pmatrix} \cos\vartheta\cos\varphi \\ \cos\vartheta\sin\varphi \\ -\sin\vartheta \end{pmatrix}, \quad (\mathbf{e}_\varphi) = \begin{pmatrix} -\sin\varphi \\ \cos\varphi \\ 0 \end{pmatrix}.$$

Bei Vorgängen in einer Ebene reichen die Koordinatenpaare x, y bzw. r, φ zur Beschreibung des Ortsvektors aus. Man spricht von ebenen kartesischen Koordinaten bzw. *ebenen Polarkoodinaten*. Es gilt offenbar $x = r\cos\varphi$, $y = r\sin\varphi$. Die Basisvektoren dieser Polarkoodinaten haben in kartesischen Koordianaten die Darstellung

$$(\mathbf{e}_r) = \begin{pmatrix} \cos\varphi \\ \sin\varphi \end{pmatrix}, \quad (\mathbf{e}_\varphi) = \begin{pmatrix} -\sin\varphi \\ \cos\varphi \end{pmatrix}.$$

1.3 Kinematik

Als Kinematik bezeichnet man die Beschreibung von Bewegungsvorgängen ohne Frage nach deren Ursachen. Wir beschränken uns auf Bewegungen von Objekten, die durch Angabe eines einzigen Raumpunktes charakterisiert werden können, den wir *Massenpunkt* nennen. Der Ort eines Massenpunkts wird durch seinen Ortsvektor $\mathbf{r}$ angegeben, der gewöhnlich von der Zeit t abhängt. Die Funktion $\mathbf{r} = \mathbf{r}(t)$ beschreibt die *Bahnkurve* des Massenpunkts im Raum. Die erste Ableitung des Ortsvektors nach der Zeit heißt Geschwindigkeitsvektor $\mathbf{v}$, die zweite Beschleunigungsvektor $\mathbf{a}$,

$$\mathbf{v}(t) = \frac{d\mathbf{r}(t)}{dt} = \dot{\mathbf{r}}(t), \qquad \mathbf{a}(t) = \frac{d\mathbf{v}(t)}{dt} = \dot{\mathbf{v}}(t) = \frac{d^2\mathbf{r}(t)}{dt^2} = \ddot{\mathbf{r}}(t).$$

(In der Mechanik benutzt man oft die auf Newton zurückgehende Kennzeichnung der *zeitlichen* Ableitung einer Größe durch einen darübergesetzten Punkt.)

Eine typische Aufgabe der Kinematik ist folgende: Gegeben eine Anfangszeit t_0 sowie Ort $\mathbf{r}_0$ und Geschwindigkeit $\mathbf{v}_0$ zu dieser Zeit und die Beschleunigung $\mathbf{a}(t)$ für die Zeiten $t \geq t_0$; gesucht ist die Bahnkurve $\mathbf{r} = \mathbf{r}(t)$ für $t \geq t_0$. Eine kurze

Rechnung liefert

$$\mathbf{r}(t) = \mathbf{r}_0 + (t - t_0)\mathbf{v}_0 + \int\limits_{t'=t_0}^{t'=t} \left[\int\limits_{t''=t_0}^{t''=t'} \mathbf{a}(t'')\,dt'' \right] dt' \,.$$

Wir betrachten drei Spezialfälle:

Gleichförmig geradlinige Bewegung Für verschwindende Beschleunigung, $\mathbf{a}(t) = 0$ erhalten wir $\mathbf{r}_0 + \mathbf{v}_0(t - t_0)$. Ausgehend von $\mathbf{r}_0$ bewegt sich der Massenpunkt in Richtung der Geschwindigkeit $\mathbf{v}_0$. Der Abstand vom Anfangsort ist immer proportional zur verstrichenen Zeit $(t - t_0)$, vgl. Abb. 1.2.

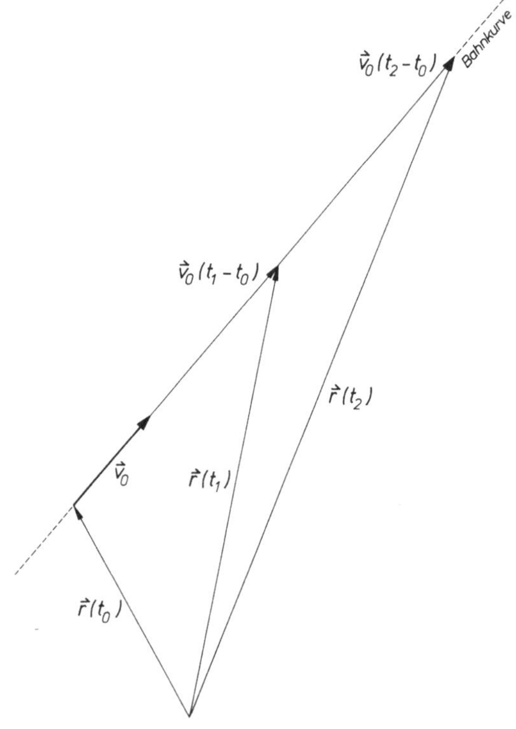

Abb. 1.2 Gleichförmig geradlinige Bewegung

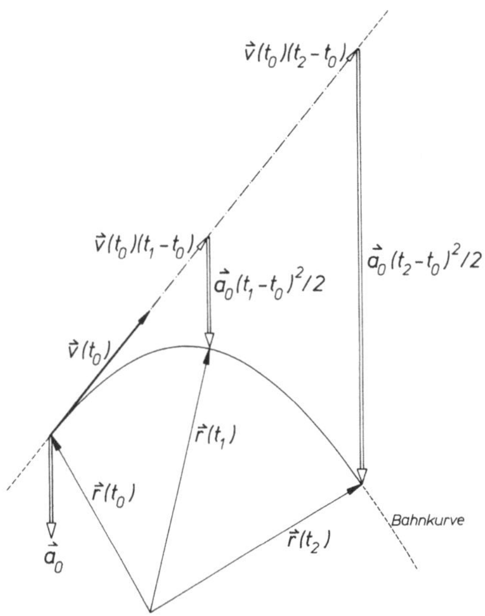

Abb. 1.3 Gleichmäßig beschleunigte Bewegung

Gleichmäßig beschleunigte Bewegung Ist die Beschleunigung konstant, $\mathbf{a}(t) = \mathbf{a}_0$, so lässt sich das Integral leicht ausführen. Man erhält $\mathbf{r}(t) = \mathbf{r}_0 + \mathbf{v}_0(t - t_0) + \frac{1}{2}\mathbf{a}_0(t - t_0)^2$. Die Bewegung kann als *Superposition* einer geradlinig gleichförmigen Bewegung in Richtung der Anfangsgeschwindigkeit $\mathbf{v}_0$, gegeben durch die beiden ersten Terme, und einer geradlinig beschleunigten Bewegung in Richtung von $\mathbf{a}_0$ aufgefasst werden. Der Begriff Superposition besagt, dass der Ortsvektor der Gesamtbewegung des Massenpunktes zu jeder Zeit t die Vektorsumme der Ortsvektoren dieser beiden Einzelbewegungen zur Zeit t ist, vgl. Abb. 1.3.

Gleichförmige Kreisbewegung Zur Beschreibung der Bewegung wählen wir die ebenen Polarkoordinaten mit dem Ursprung im Mittelpunkt des Kreises. Das Basissystem $\mathbf{e}_x, \mathbf{e}_y$ bezeichnen wir als *ortsfest*, während das Basissystem $\mathbf{e}_r, \mathbf{e}_\varphi$ sich mit dem Massenpunkt *mitbewegt*. Die Kreisbewegung heißt *gleichförmig*, wenn φ linear mit der Zeit wächst, $\varphi = \omega t$, $\omega =$const. (Der Nullpunkt der Zeitzählung wurde so gewählt, dass $\varphi = 0$ für $t = 0$.) Wegen $\dot{\varphi} = \omega$ heißt ω die *Winkelgeschwindigkeit*. Ist r der Radius des Kreises, so gilt für Ort, Geschwindigkeit und

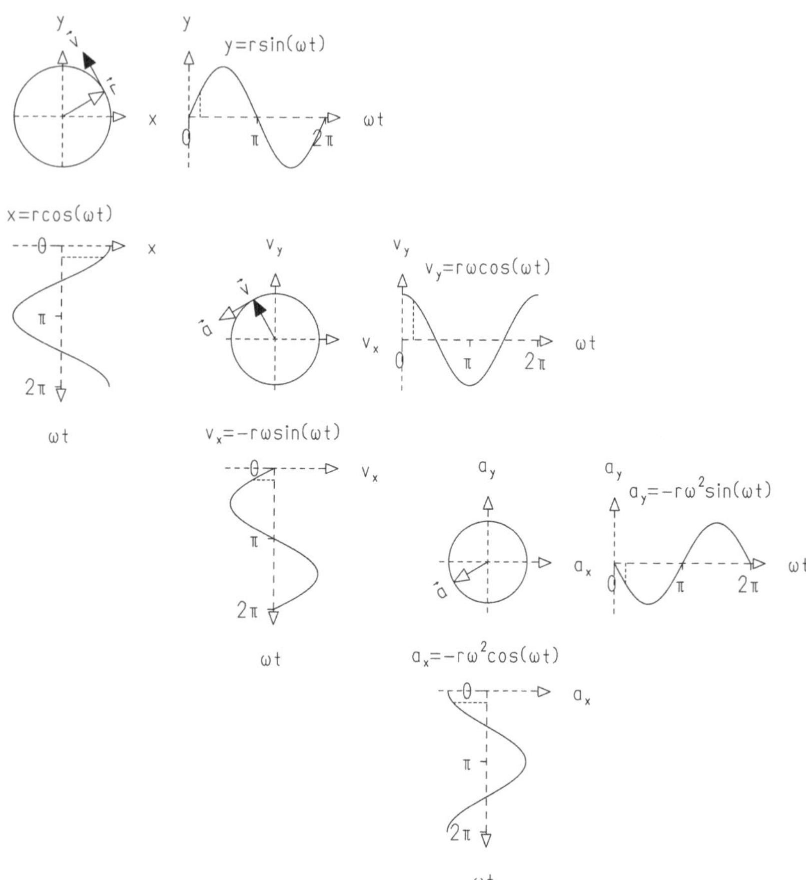

Abb. 1.4 Gleichförmige Kreisbewegung: Kreisbahn des Ortsvektors **r** (*oben links*), Zeitabhängigkeit seiner *x*-Komponente (*darunter*) bzw. *y*-Komponente (*rechts daneben*) und entsprechende Darstellungen für den Geschwindigkeitsvektor **v** und den Beschleunigungsvektor **a**. Für den gleichen festen Zeitpunkt sind die Vektoren als *Pfeile* und ihre Komponenten als *gestrichelte Linien* markiert

Beschleunigung

$$\mathbf{r} = r\,\mathbf{e}_r(\varphi) = r(\cos\omega t\,\mathbf{e}_x + \sin\omega t\,\mathbf{e}_y)\,,$$
$$\mathbf{v} = \omega r(-\sin\omega t\,\mathbf{e}_x + \cos\omega t\,\mathbf{e}_y) = \omega r\mathbf{e}_\varphi(\varphi)\,,$$
$$\mathbf{a} = -\omega^2 r(\cos\omega t\,\mathbf{e}_x + \sin\omega t\,\mathbf{e}_y) = -\omega^2 r\mathbf{e}_r(\varphi)\,.$$

Die Geschwindigkeit hat also den Betrag $v = \omega r$ und zeigt tangential entlang der Kreisbahn, die Beschleunigung hat den Betrag $a = \omega r^2$, zeigt zum Kreismittelpunkt hin und heißt deshalb *Zentripetalbeschleunigung*. Abb. 1.4 zeigt graphisch die Zeitabhängigkeit von $\mathbf{r}$, $\mathbf{v}$ und $\mathbf{a}$.

Dynamik eines Massenpunktes

2

2.1 Schwere Masse. Dichte

Aller Materie auf der Erde ist eine Eigenschaft gemeinsam: Sie ist schwer. Für eine gegebene Art von homogener, also räumlich gleichförmiger Materie ist die Schwere offenbar dem Volumen proportional: Je größer das Volumen etwa eines Klotzes Eisen ist, desto schwerer erscheint er uns. Es ist daher sinnvoll, die Eigenschaft der Schwere durch eine physikalische Größe, *die schwere Masse* zu kennzeichnen, die für eine homogene Substanz dem Volumen proportional ist. Sie wird mit einer Waage gemessen, im einfachsten Fall einer *Federwaage*. Das ist eine Schraubenfeder, deren Verlängerung bei Anhängen einer Masse abgelesen werden kann. Werden mehrere gleichartige Körper angehängt, so steigt die Verlängerung (innerhalb gewisser Grenzen) proportional zur Zahl der Körper.

Die Tatsache, dass für homogene Stoffe die schwere Masse dem Volumen proportional ist, kann man dadurch ausdrücken, dass man dem Stoff eine *Dichte* ϱ zuordnet, die in $\mathrm{kg/m^3}$ gemessen wird. Dann hat ein Objekt des Volumens V die schwere Masse $m = \varrho V$.

2.2 Kraft. Gewichts-, Feder- und Reibungskraft

Wird etwa eine Federwaage an einem Ende befestigt, so kann man mit der Hand am anderen Ende in verschiedener Richtung und mit verschiedener Stärke ziehen. Die Hand übt auf die Federwaage eine *Kraft* aus, deren Richtung durch die Richtung der Federwaage im Raum und deren Betrag durch die Ausdehnung der Feder gegeben ist. Die Verwendung der Begriffe Betrag und Richtung zeigt an, dass die Kraft ein Vektor ist, $\mathbf{F} = D\mathbf{x}$. Hier ist $\mathbf{F}$ die an der Federwaage angreifende Kraft, $\mathbf{x}$ der Vektor, der die Ausdehnung der Federwaage beschreibt, und D die für die

© Springer Fachmedien Wiesbaden 2016
S. Brandt, H.D. Dahmen, *Mechanik*, essentials, DOI 10.1007/978-3-658-13120-3_2

Feder charakteristische *Federkonstante*. Die strenge Proportionalität gilt nur für kleine Auslenkungen.

Gewichtskraft Da eine Masse m durch ihre Schwere eine Federwaage auslenkt, übt sie auch eine Kraft auf die Federwaage aus, die zur Masse m proportional ist $\mathbf{F}_G = m\mathbf{g}$. Dabei ist $\mathbf{g}$ in der Nähe der Erdoberfläche ein Vektor nahezu konstanten Betrages, der immer nach unten (genauer: etwa zum Erdmittelpunkt hin) gerichtet ist. Wir nennen $\mathbf{F}_G$ das *Gewicht* der Masse. Den Betrag von $\mathbf{g}$ werden wir im Abschn. 2.4 bestimmen.

Federkraft. Hookesches Gesetz Übt ein Objekt auf eine Federwaage eine Kraft $\mathbf{F}$ aus, so verlängert sie sich um den Längenvektor $\mathbf{x}$, also $\mathbf{F} = D\mathbf{x}$. Man kann aber auch sagen, die Feder ihrerseits übe auf das Objekt die Kraft $\mathbf{F}_F = -D\mathbf{x}$ aus. Diese Beziehung heißt *Hookesches Gesetz*. Die strenge Proportionalität dieser Gleichung gilt nur für kleine Ausdehnungen.

Reibungskraft Wir befestigen eine Federwaage an einem quaderförmigem Klotz und ziehen ihn daran in horzontaler Richtung über eine Tischplatte. Die Federwaage zeigt an, dass wir um so mehr Kraft aufwenden müssen, je schneller wir den Klotz bewegen. Wir müssen die *Reibungskraft* überwinden, die dem Geschwindigkeitsvektor entgegengesetzt ist. Oft reicht es aus, den Betrag der Kraft dem der Geschwindigkeit direkt proportional zu setzen, $\mathbf{F}_R = -R\mathbf{v}$. Im Allgemeinen hängt aber der *Reibungskoeffizient R* noch vom vom Betrag v der der Geschwindigkeit ab. Bei Demonstrationsexperimenten stört die Reibung oft. Stark vermindert wird sie auf der Luftkissenbahn, einem horizontal ausgerichteten Prisma aus Blech, dessen zwei Seitenflächen kleine Löcher enthalten, durch die Luft ausströmt. Ein „Reiter" mit zwei Blechstreifen parallel zu diesen Flächen, schwebt fast reibungsfrei etwas über der Fahrbahn.

2.3 Die Newtonschen Gesetze

Grundlagen der Mechanik sind die drei von Newton aus der Beobachtung gewonnenen Gesetze. Demonstrationsexperimente dazu sind in [M], Kap. 2, ausführlich dargestellt.

1. Newtonsches Gesetz *Wirkt auf einen Körper keine Kraft ($\mathbf{F} = 0$), so ist seine Geschwindigkeit zeitlich konstant ($\mathbf{v} = $ const).*

2. Newtonsches Gesetz Wirkt auf einen Körper eine Kraft $\mathbf{F}$, so erfährt er eine Beschleunigung, die proportional zur Kraft, aber umgekehrt proportional zur Masse der Körpers ist, also $\mathbf{a} \sim \mathbf{F}/m$ bzw. $\mathbf{F} \sim m\mathbf{a}$. Da wir über Dimension und Einheit der Kraft noch nicht verfügt haben, können wir die Proportionalitätskonstante zu Eins setzen und erhalten das Gesetz in der griffigen Form *Kraft gleich Masse mal Beschleunigung*, $\mathbf{F} = m\mathbf{a}$. Die Dimension der Kraft ist damit $\dim(F)$ $= \dim(m\ell t^{-2})$ und ihre SI-Einheit ist $1\,\mathrm{kg\,m\,s^{-2}} = 1\,\mathrm{Newton} = 1\,\mathrm{N}$. Je größer die Masse eines Körpers ist, desto geringer ist bei gleicher Kraft seine Beschleunigung. Diese Eigenschaft der Masse heißt *Trägheit*; das 2. Newtonsche Gesetz wird deshalb auch *Trägheitsgesetz* genannt. Man beachte, dass es das 1. Newtonsche Gesetz als Spezialfall für $\mathbf{F} = 0$ enthält.

3. Newtonsches Gesetz *Besteht zwischen zwei Körpern A und B eine Kraftwirkung, so ist die Kraft $\mathbf{F}_{AB}$, welche A auf B ausübt, der Kraft $\mathbf{F}_{BA}$, die B auf A ausübt, entgegengesetzt gleich, $\mathbf{F}_{AB} = -\mathbf{F}_{BA}$.*

2.4 Federpendel. Fadenpendel. Fall und Wurf

Mit Hilfe des Trägheitsgesetzes bearbeiten wir einige Aufgaben.

Federpendel Ein Massenpunkt kann sich entlang der x-Achse bewegen. Eine Schraubenfeder mit der Federkonstante D bewirkt die ortsabhängige Federkraft $\mathbf{F} = -D\mathbf{x}$. Das Trägheitsgesetz liefert $\mathbf{F} = m\mathbf{a} = m\ddot{\mathbf{x}} = -D\mathbf{x}$. Wir erhalten also die *Differentialgleichung* $\ddot{\mathbf{x}} = -(D/m)\mathbf{x}$. Die Auslenkung $\mathbf{x}$ hat nur die Komponente $x(t)$, die von der Zeit abhängt. Für sie gilt $\ddot{x}(t) = -(D/m)x(t)$. Durch zweimaliges Differenzieren findet man, dass mit $\omega = \sqrt{D/m}$

$$x(t) = A\cos\omega t + B\sin\omega t = C\cos(\omega t - \delta)$$

Lösung dieser Gleichung ist; die beiden Formen sind äquivalent. Die Lösung enthält zwei Konstanten (A, B bzw. C, δ), die durch die Anfangsbedingungen $x(t = 0)$ und $v(t = 0) = \dot{x}(t = 0)$ bestimmt sind. Sie beschreibt eine *harmonische*, also rein sinusförmige *Schwingung*. Die Zeit für eine volle Schwingung heißt *Periode T*, die Anzahl der Schwingungen in einer Sekunde heißt *Frequenz* $\nu = 1/T$. Offenbar gilt $T = 2\pi/\omega$ und damit $\omega = 2\pi\nu$ für die *Kreisfrequenz* ω. Die Länge C heißt *Amplitude*, der Winkel δ *Phase* der Schwingung.

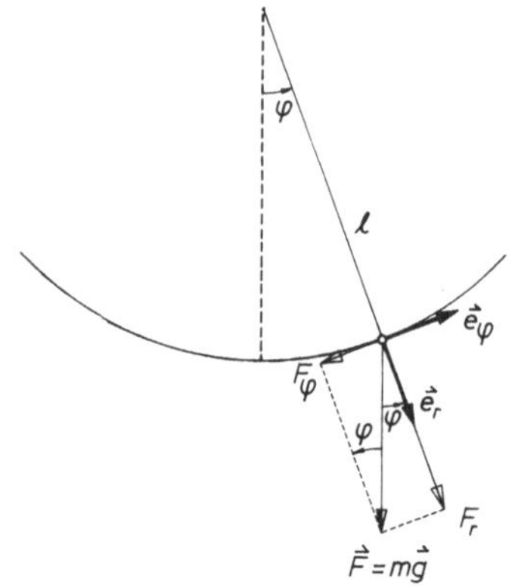

Abb. 2.1 Fadenpendel oder mathematisches Pendel

Fadenpendel Es heißt auch *mathematisches Pendel* und besteht aus einem Massenpunkt, der an einer masselosen Stange so aufgehängt ist, dass er sich nur auf einem Kreisbogen bewegen kann (Abb. 2.1). Der Azimutwinkel φ der Pendelstange bezüglich ihrer Ruhelage (senkrecht nach unten) kennzeichnet zusammen mit der Länge ℓ der Stange die Lage des Massenpunkts. Auf den Massenpunkt wirkt die Schwerkraft $\mathbf{F} = m\mathbf{g}$ nach unten. Ihre Komponente in φ-Richtung ist $-mg \sin\varphi$, die Komponente in Richtung der Stange wird von dieser aufgefangen. Die Komponente der Beschleunigung in φ-Richtung ist $\ell\ddot{\varphi}$. Damit erhalten wir die Bewegungsgleichung $m\ell\ddot{\varphi} = -mg \sin\varphi$, die sich auf $\ddot{\varphi} = -(g/\ell)\sin\varphi$ vereinfacht. Beschränken wir die Pendelschwingung auf kleine Winkel, so gilt näherungsweise $\sin\varphi = \varphi$ und damit $\ddot{\varphi} = -(g/\ell)\varphi$. Diese Differentialgleichung für $\varphi(t)$ hat die gleiche Form wie die für $x(t)$ im Fall des Federpendels. Das Fadenpendel führt also eine Schwingung mit der Kreisfrequenz $\omega = 2\pi/T = \sqrt{g/\ell}$ aus. Mit diesem Ergebnis können wir durch Messung der Schwingungsdauer T und der Fadenlänge ℓ den Betrag g der *Erdbeschleunigung* bestimmen, $g = 4\pi^2\ell/T^2$. Der Zahlwert ist $g = 9,81\,\mathrm{m\,s^{-2}}$ und variiert nur wenig mit dem Ort auf der Erdoberfläche.

Fall und Wurf Wirkt auf einen Massenpunkt nur die Schwerkraft $\mathbf{F} = m\mathbf{g}$, so lautet die Bewegungsgleichung $m\ddot{\mathbf{r}} = m\mathbf{g}$. Die Beschleunigung $\mathbf{a} = \ddot{\mathbf{r}} = \mathbf{g}$ ist also konstant: Die Bewegung ist gleichmäßig beschleunigt wie in Abschn. 1.3 beschrieben. Wählen wir als Anfangszeit der Bewegung $t_0 = 0$ und als Anfangsort $\mathbf{r}_0 = 0$ und nennen wir die Anfangsgeschwindigkeit $\mathbf{v}_0$, so gilt einfach $\mathbf{r} = \mathbf{v}_0 t + \mathbf{g}t^2/2$. Für $\mathbf{v}_0 = 0$ spricht man vom *freien Fall*, für $\mathbf{v}_0 \neq 0$ vom *Wurf* des Körpers. Die Bahn ist eine Parabel in der von den Vektoren $\mathbf{v}_0$ und $\mathbf{g}$ aufgespannten Ebene.

Für $\mathbf{v}_0 = 0$ ist sie eine Gerade in Richtung $\mathbf{g}$ und die Fallstrecke zur Zeit t ist $s = gt^2/2$.

2.5 Abgeleitete dynamische Größen

Ein Massenpunkt befinde sich am Ort $\mathbf{r}$, habe die Geschwindigkeit $\mathbf{v}$ und auf ihn wirke die Kraft $\mathbf{F}$. Er erfährt dann die *Impulsänderung* $\mathrm{d}\,\mathbf{p} = \mathbf{F}\,\mathrm{d}\,t$ im Zeitintervall $\mathrm{d}\,t$ und

$$\Delta\,\mathbf{p} = \int_{t_0}^{t_1} \mathbf{F}(t')\,\mathrm{d}t'$$

im Intervall $t_0 \le t \le t_1$. Er besitzt den *Impuls*

$$\mathbf{p} = m\mathbf{v}$$

und die *kinetische Energie*

$$E_{\mathrm{kin}} = \frac{1}{2}m\mathbf{v}^2 = \frac{1}{2}mv^2\,.$$

Bezüglich des Ursprungs erfährt er das *Drehmoment*

$$\mathbf{D} = \mathbf{r} \times \mathbf{F}$$

und hat den *Drehimpuls*

$$\mathbf{L} = \mathbf{r} \times \mathbf{p}\,.$$

Die Kraft leistet am Massenpunkt die *Arbeit*

$$\mathrm{d}\,W = \mathbf{F}(\mathbf{r}) \cdot \mathrm{d}\,\mathbf{r} \quad \text{bzw.} \quad W = \int_{C,\mathbf{r}_0}^{\mathbf{r}_1} \mathbf{F} \cdot \mathrm{d}\mathbf{r}$$

entlang des infinitesimalen Weges $\mathrm{d}\,\mathbf{r}$ bzw. des Weges C mit den Endpunkten $\mathbf{r}_0$ und $\mathbf{r}_1$. Die Zeitableitung der Arbeit heißt *Leistung*

$$N = \frac{\mathrm{d}\,W}{\mathrm{d}\,t}\,,$$

das Zeitintegral der Arbeit heißt *Wirkung*

$$A = \int\limits_{t_1}^{t_2} W(t')\,\mathrm{d}t'\,.$$

Diese Größen werden in folgenden SI-Einheiten gemessen:

Impuls: $\qquad\qquad\qquad$ $1\,\mathrm{kg\,m/s} = 1\,\mathrm{N\,s}$,
Arbeit und Energie: $\qquad$ $1\,\mathrm{kg\,m^2/s^2} = 1\,\mathrm{N\,m} = 1\,\mathrm{J} = 1\,\mathrm{Joule}$,
Leistung: $\qquad\qquad\quad$ $1\,\mathrm{kg\,m^2/s^3} = 1\,\mathrm{J/s} = 1\,\mathrm{W} = 1\,\mathrm{Watt}$,
Wirkung und Drehimpuls: $1\,\mathrm{kg\,m^2/s} = 1\,\mathrm{J\,s}$,
Drehmoment: $\qquad\qquad$ $1\,\mathrm{kg\,m^2/s^2} = 1\,\mathrm{N\,m}$.

2.6 Potentialfeld und konservatives Kraftfeld

Hängt die Arbeit nicht vom Weg selbst, sondern nur von dessen Endpunkten ab, so existiert eine skalare Funktion, das *Potential*

$$V(\mathbf{r}) = -\int\limits_{\mathbf{r}_0}^{\mathbf{r}} \mathbf{F}(\mathbf{r}') \cdot \mathrm{d}\mathbf{r}' + V(\mathbf{r}_0)\,.$$

Sie ist bis auf die beliebig wählbare Konstante $V(\mathbf{r}_0)$, die das Potential an einem festen Punkt festlegt, gleich der Arbeit, die gegen die Kraft (Vorzeichen!) geleistet werden muss, um den Massenpunkt von $\mathbf{r}_0$ nach $\mathbf{r}$ zu bewegen. Existiert ein Potential, so heißt die Kraft $\mathbf{F}$ *konservativ*; sie lässt sich durch Gradientenbildung aus dem Potential gewinnen,

$$\mathbf{F}(\mathbf{r}) = -\nabla V(\mathbf{r}) = -\mathrm{grad}\,V(\mathbf{r})\,.$$

Befindet sich ein Massenpunkt in einem Potentialfeld am Ort $\mathbf{r}$, so hat er die *potentielle Energie* $E_{\mathrm{pot}} = V(\mathbf{r})$.

Das homogene Schwerefeld $\mathbf{F}(\mathbf{r}) = m\mathbf{g}$ hat das Potential $V(\mathbf{r}) = -m\mathbf{g}\cdot\mathbf{r}$, wenn man $V(\mathbf{r} = \mathbf{r}_0 = 0) = 0$ setzt. Wählt man $\mathbf{g} = -g\mathbf{e}_z$, so gilt $V = mgz$.

Das Potential der Federkraft $\mathbf{F}(\mathbf{r}) = -D\mathbf{r}$ ist $V(\mathbf{r}) = Dr^2/2$. Wieder wurde $V(\mathbf{r} = \mathbf{r_0} = 0) = 0$ gesetzt.

2.7 Gravitationsfeld

Zwei Massen m_1 und m_2 ziehen sich gegenseitig an. Bezeichnen wir ihre Orte mit $\mathbf{r}_1$ und $\mathbf{r}_2$ und mit $\mathbf{r} = \mathbf{r}_2 - \mathbf{r}_1$ den Vektor der von m_1 nach m_2 verläuft, so ist die *Gravitationskraft*, die m_1 auf m_2 ausübt

$$\mathbf{F} = -\gamma \frac{m_1 m_2}{r^2} \frac{\mathbf{r}}{r}.$$

Sie ist proportional zu m_1 und m_2, umgekehrt proportional zum Quadrat ihres Abstandes r und zeigt von zu m_2 nach m_1. Die *Gravitationskonstante* γ ist eine Naturkonstante und hat den Wert $6{,}674 \cdot 10^{-11} \, \mathrm{m^3\,kg^{-1}\,s^{-2}}$. Sie wird im Labor mit der Drehwaage nach Cavendish (vgl. [M], Abschn. 2.9) durch Messung der (sehr kleinen) Kraft zwischen zwei Massen bekannter Größe in bekanntem Abstand bestimmt. Newton fand das Gesetz (ohne den Zahlwert der Konstante), indem er die Zentripetalbeschleunigung a_M des Mondes zur Erde hin und die Fallbeschleunigung g eines Körpers auf der Erdoberfläche auf die gleiche Ursache, nämlich die

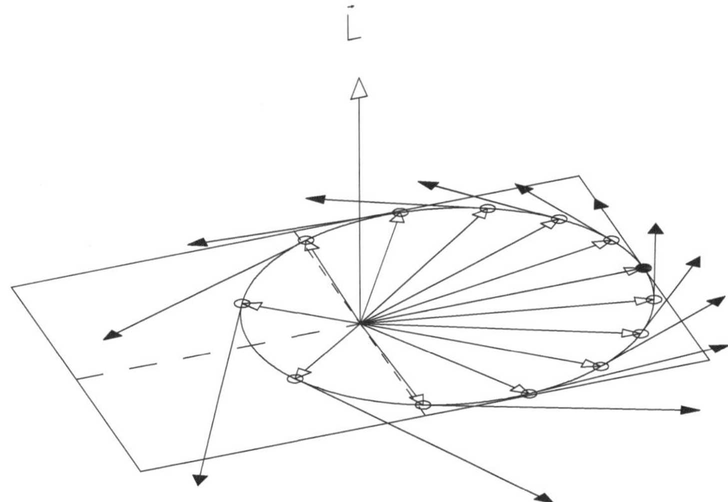

Abb. 2.2 Drehimpulserhaltung im zentralen Gravitationsfeld. Die Bahn (hier eine Ellipse) liegt in einer Ebene, die als Rechteck angedeutet ist. Ortsvektoren $\mathbf{r}$ (*helle Pfeile*) und Impulsvektoren $\mathbf{p}$ (*dunkle Pfeile*) sind für eine Reihe von Punkten gezeichnet, die nach gleichen Zeitintervallen erreicht werden

Anziehung durch die Erde zurückführte. Er konnte abschätzen, dass a_M/g gleich dem Quadrat $(r_\mathrm{E}/r_\mathrm{MB})^2$ des Verhältnisses von Erdradius und Mondbahnradius ist.

Die Gravitationskraft hat das Potential $V(\mathbf{r}) = -\gamma m_1 m_2/r$. Dabei haben wir das Potential im Grenzwert sehr großen Abstandes zu Null gesetzt, $V(\infty) = 0$.

Das Gravitationsfeld ist ein *Zentralfeld* mit der allgemeinen Form $\mathbf{F}(\mathbf{r}) = f(r)\mathbf{r}/r$. Die Zeitableitung des Drehimpulses $\mathbf{L} = \mathbf{r} \times \mathbf{p}$ im Zentralfeld verschwindet,

$$\dot{\mathbf{L}} = \dot{\mathbf{r}} \times \mathbf{p} + \mathbf{r} \times \dot{\mathbf{p}} = \mathbf{r} \times \dot{\mathbf{p}} = \mathbf{r} \times \mathbf{F} = \frac{f(r)}{r} \mathbf{r} \times \mathbf{r} = 0 \,.$$

Bei der Bewegung im Zentralfeld bleibt also der Drehimpuls erhalten (Abb. 2.2).

2.8 Bewegung im zentralen Gravitationsfeld

Wir betrachten einen Planeten der Masse m, der sich im Gravitationsfeld der Sonne (Masse M) bewegt, die wir als fest im Ursprung des Koordinatensystem annehmen. Die Bewegungsgleichung lautet

$$m\ddot{\mathbf{r}} = \dot{\mathbf{p}} = -\gamma \frac{mM}{r^3} \mathbf{r} \quad \text{bzw.} \quad \ddot{\mathbf{r}} = -\gamma \frac{M}{r^3} \mathbf{r} \,.$$

Sie ist von m unabhängig.

Wegen $\dot{\mathbf{L}} = 0$ ist

$$\frac{\mathrm{d}}{\mathrm{d}t}(\mathbf{p} \times \mathbf{L}) = \dot{\mathbf{p}} \times \mathbf{L} \,.$$

Außerdem gilt

$$\frac{\mathrm{d}}{\mathrm{d}t} \frac{\mathbf{r}}{r} = \frac{\dot{\mathbf{r}}}{r} - \mathbf{r} \frac{\mathbf{r} \cdot \dot{\mathbf{r}}}{r^3} \,.$$

Mit der Bewegungsgleichung führen diese beiden Beziehungen auf

$$\frac{\mathrm{d}}{\mathrm{d}t}(\mathbf{p} \times \mathbf{L}) = \gamma m^2 M \frac{\mathrm{d}}{\mathrm{d}t} \frac{\mathbf{r}}{r} \,.$$

Integration liefert

$$\mathbf{p} \times \mathbf{L} = \gamma m^2 M \frac{\mathbf{r}}{r} - \mathbf{C} \,.$$

Dabei ist $\mathbf{C}$, der *Lenz-Vektor*, ein Vektor, der als Konstante der Integration einer Vektorgleichung auftritt. Er liegt in der Bewegungsebene, weil $0 = \mathbf{L} \cdot (\mathbf{p} \times \mathbf{L}) =$

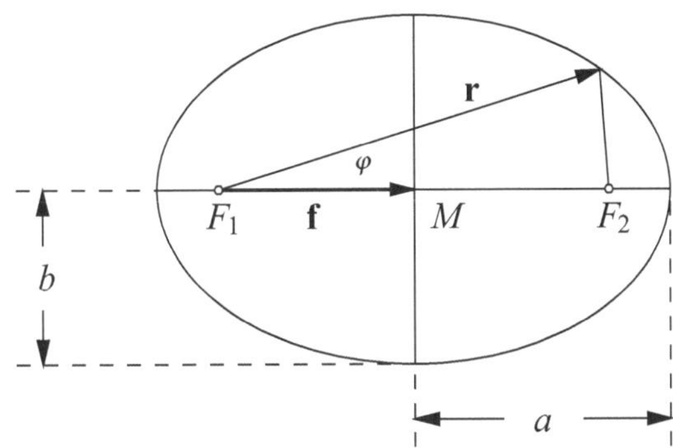

Abb. 2.3 Ellipse als Bahn eines Körpers im zentralen Gravitationsfeld. Die Sonne steht im Brennpunkt F_1, die Halbachsen der Ellipse sind a und b. Der Vektor $\mathbf{f}$ von F_1 zum Mittelpunkt ist parallel zum Lenz-Vektor

$\gamma m^2 M(\mathbf{L} \cdot \mathbf{r})/r - \mathbf{L} \cdot \mathbf{C}$, also $\mathbf{L} \perp \mathbf{C}$, weil $\mathbf{L} \perp \mathbf{r}$. Der Vektor $\mathbf{C}$ ist neben dem Drehimpuls $\mathbf{L}$ und der Gesamtenergie E eine weitere Konstante der Bewegung.

Skalare Multiplikation von $\mathbf{p} \times \mathbf{L}$ mit $\mathbf{r}$ liefert $\mathbf{r} \cdot (\mathbf{p} \times \mathbf{L}) = \gamma m^2 M r - \mathbf{r} \cdot \mathbf{C}$. Auf der linken Seite ergibt die zyklische Vertauschung der Faktoren $\mathbf{r} \cdot (\mathbf{p} \times \mathbf{L}) = \mathbf{L} \cdot (\mathbf{r} \times \mathbf{p}) = L^2$. Wir erhalten

$$L^2 = \gamma m^2 M r - \mathbf{r} \cdot \mathbf{C} = \gamma m^2 M r - rC \, \cos\varphi \, .$$

Dabei ist φ der vom Lenz-Vektor $\mathbf{C}$ und vom Ortsvektor $\mathbf{r}$ eingeschlossene Winkel. Mit den Abkürzungen $q = L^2/(\gamma m^2 M)$ und $\varepsilon = C/(\gamma m^2 M)$ ergibt sich die bekannte *Fokaldarstellung der Ellipsengleichung*

$$r = \frac{q}{1 - \varepsilon \cos\varphi} \, .$$

Diese Gleichung beschreibt nicht nur die Ellipse, sondern alle Kegelschnitte. Man erhält für $\varepsilon = 0$ einen Kreis, für $0 < \varepsilon < 1$ eine Ellipse, für $\varepsilon = 1$ eine Parabel und für $\varepsilon > 1$ eine Hyperbel. Für den Fall der Ellipse ist die geometrische Bedeutung der Gleichung in Abb. 2.3 dargetellt. Sie zeigt, dass der Lenz-Vektor parallel zur großen Hauptachse gerichtet ist, auf denen die beiden Brennpunkte F_1 und F_2 liegen; in F_1, dem Ursprung von $\mathbf{r}$, befindet sich die Sonne.

Bei den Kegelschnitten unterscheiden wir geschlossene Bahnen (Ellipse, Kreis) und offene Bahnen (Hyperbel, Parabel). Wir vermuten, dass offene Bahnen nur möglich sind, wenn die Gesamtenergie

$$E = E_{\text{kin}} + E_{\text{pot}} = \frac{p^2}{2m} - \frac{\gamma m M}{r} \geq 0$$

ist, weil dann auch für $r \to \infty$ die kinetische Energie noch physikalische Werte ≥ 0 annimmt. Ist dagegen $E < 0$, so reicht die kinetische Energie nicht dazu aus, den Planeten gegen das Potential „ins Unendliche" zu tragen; es sind nur geschlossene Bahnen möglich. In der Tat zeigt die Rechnung (vgl. [M], Abschn. 2.17), dass

$$\varepsilon^2 = 1 + \frac{2L^2}{\gamma^2 m^3 M^2} \left(E_{\text{kin}} + E_{\text{pot}}\right) .$$

Wie vermutet, ist also die Bahn eine Hyperbel für $E_{\text{kin}} > -E_{\text{pot}}$, eine Parabel für $E_{\text{kin}} = -E_{\text{pot}}$ und eine Ellipse für $E_{\text{kin}} < -E_{\text{pot}}$. Dabei ist es gleichgültig, wann oder wo E_{kin} und E_{pot} genommen werden, weil es nur auf ihre Summe E ankommt, die konstant ist.

Die Gleichungen dieses Abschnitts erklären auch die drei *Keplerschen Gesetze* über die Planetenbewegung, die Kepler bereits vor der Existenz der Newtonschen Mechanik aus astronomischen Beobachtungen gewonnen hat, siehe [M], Abschn. 2.17.

Dynamik mehrerer Massenpunkte $\qquad$ 3

3.1 Definitionen und Sätze

Ein System von N Massenpunkten der Massen m_i an den Orten $\mathbf{r}_i$ mit den Geschwindigkeiten $\mathbf{v}_i = \dot{\mathbf{r}}_i$ und den Impulsen $\mathbf{p}_i = m\mathbf{v}_i$ besitzt die *Gesamtmasse*

$$M = \sum_{i=1}^{N} m_i \, ,$$

den *Schwerpunkt*

$$\mathbf{R} = \frac{1}{M} \sum_{i=1}^{N} m_i \mathbf{r}_i \, ,$$

den *Gesamtimpuls*

$$\mathbf{P} = \sum_{i=1}^{N} \mathbf{p}_i = \sum_{i=1}^{N} m_i \dot{\mathbf{r}}_i = M\dot{\mathbf{R}}$$

und (bezüglich des Ursprungs der Ortsvektoren $\mathbf{r}_i$) den *Gesamtdrehimpuls*

$$\mathbf{L} = \sum_{i=1}^{N} \mathbf{r}_i \times \mathbf{p}_i = \sum_{i=1}^{N} \mathbf{L}_i \, .$$

Ist für die Kräfte $\mathbf{F}_i$, die auf die Massenpunkte wirken, eine Zerlegung in *äußere Kräfte* $\mathbf{F}_i^{(\mathrm{a})}$ (die von außerhalb des Systems herrühren) und *innere Kräfte* $\mathbf{F}_{ij}$ (die Massenpunkt i auf Massenpunkt j ausübt mit $\mathbf{F}_{ii} = 0$) möglich,

$$\mathbf{F}_i = \mathbf{F}_i^{(\mathrm{a})} + \sum_{j=1}^{N} \mathbf{F}_{ij} \, ,$$

© Springer Fachmedien Wiesbaden 2016

S. Brandt, H.D. Dahmen, *Mechanik*, essentials, DOI 10.1007/978-3-658-13120-3_3

so gilt wegen der Bedingung $\mathbf{F}_{ij} = -\mathbf{F}_{ji}$ des 3. Newtonschen Gesetzes für die *Änderung des Gesamtimpulses*

$$\dot{\mathbf{P}} = \frac{\mathrm{d}}{\mathrm{d}t}(M\dot{\mathbf{R}}) = \sum_{i=1}^{N} \dot{\mathbf{p}}_i = \sum_{i=1}^{N} \mathbf{F}_i = \sum_{i=1}^{N} \mathbf{F}_i^{(a)} = \mathbf{F}^{(a)}\,;$$

der Gesamtimpuls wird nur durch äußere Kräfte geändert. Dabei bewegt sich der Schwerpunkt so, als ob die Gesamtmasse im Schwerpunkt vereinigt sei und die Summe $\mathbf{F}^{(a)}$ der äußeren Kräfte dort angriffe. Das rechtfertigt im Nachhinein die Benutzung des Massenpunktbegriffs auch für ausgedehnte Körper, etwa bei der Planetenbewegung.

Verschwindet die Summe der äußeren Kräfte, so gilt der *Impulserhaltungssatz*

$$\dot{\mathbf{P}} = \sum_{i=1}^{N} \dot{\mathbf{p}}_i = 0\,; \qquad \mathbf{P} = \mathrm{const.}$$

Für die Änderung des Gesamtdrehimpulses gilt (vorausgesetzt die inneren Kräfte $\mathbf{F}_{ij}$ wirken in Richtung der Abstandsvektoren $\mathbf{r}_i - \mathbf{r}_j$)

$$\dot{\mathbf{L}} = \sum_{i=1}^{N} \mathbf{r}_i \times \dot{\mathbf{p}}_i = \sum_{i=1}^{N} \mathbf{r}_i \times \mathbf{F}_i = \sum_{i=1}^{N} \mathbf{r}_i \times \mathbf{F}_i^{(a)} = \sum_{i=1}^{N} \mathbf{D}_i^{(a)} = \mathbf{D}^{(a)}\,;$$

der Gesamtdrehimpuls wird nur durch ein (von äußeren Kräften verursachtes) *äußeres Drehmoment* geändert. Verschwindet das äußere Drehmoment, so gilt der *Drehimpulserhaltungssatz*

$$\dot{\mathbf{L}} = \sum_{i=1}^{N} \dot{\mathbf{L}}_i = 0\,; \qquad \mathbf{L} = \sum_{i=1}^{N} \mathbf{L}_i = \mathrm{const.}$$

Folgen die Kräfte $\mathbf{F}_i$ durch Gradientenbildung ∇_i nach den Orten $\mathbf{r}_i$ aus einem gemeinsamen Potential V,

$$\mathbf{F}_i = -\nabla_i V(\mathbf{r}_1, \cdots, \mathbf{r}_N)\,,$$

so gilt für die Summe der *kinetischen Energie*

$$E_{\mathrm{kin}} = \sum_{i=1}^{N} \frac{m_i}{2} \mathbf{v}_i^2$$

und der *potentiellen Energie*

$$E_{\text{pot}} = V(\mathbf{r}_1, \cdots, \mathbf{r}_N)$$

der *Energieerhaltungssatz*

$$\dot{E}_{\text{kin}} + \dot{E}_{\text{pot}} = 0 \,; \qquad E_{\text{kin}} + E_{\text{pot}} = \text{const}\,.$$

3.2 Das Schwerpunktsystem

Das Schwerpunktsystem ist dadurch definiert, dass sein Ursprung im Schwerpunkt des Systems ruht. Ein Massenpunkt hat dann den *Ortsvektor im Schwerpunktsystem*

$$\boldsymbol{\varrho}_i = \mathbf{r}_i - \mathbf{R}_i \,,$$

den *Impuls im Schwerpunktsystem*

$$\boldsymbol{\pi}_i = m_i \dot{\mathbf{r}}_i - m_i \dot{\mathbf{R}} = \mathbf{p}_i - \frac{m_i}{M} \mathbf{P}$$

und den *Drehimpuls im Schwerpunktsystem*

$$\boldsymbol{\lambda}_i = \boldsymbol{\varrho}_i \times \boldsymbol{\pi}_i \,.$$

Es gilt

$$\sum_{i=1}^{N} m_i \boldsymbol{\varrho}_i = 0 \quad \text{und} \quad \sum_{i=1}^{N} \boldsymbol{\pi}_i = 0 \,.$$

Der *Gesamtdrehimpuls in einem beliebigen System* lässt sich in den Drehimpuls $\mathbf{L}_S$ des Schwerpunkts und den Gesamtdrehimpuls $\boldsymbol{\lambda}$ im Schwerpunktsystem zerlegen,

$$\mathbf{L} = \mathbf{L}_S + \boldsymbol{\lambda} \,; \qquad \mathbf{L}_S = \mathbf{R} \times \mathbf{P}, \qquad \boldsymbol{\lambda} = \sum_{i=1}^{N} \boldsymbol{\lambda}_i \,.$$

3.3 Zweikörperproblem

Die Beschreibung eines Systems zweier Massenpunkte ohne äußere Kräfte,

$$m_1\ddot{\mathbf{r}}_1 = \mathbf{F}_{12}\,, \qquad m_2\ddot{\mathbf{r}}_2 = \mathbf{F}_{21}\,,$$

lässt sich mathematisch auf zwei unabhängige Einkörperprobleme zurückführen, wenn die inneren Kräfte $\mathbf{F}_{12}$ und $\mathbf{F}_{21}$ nur eine Funktion des Abstandsvektors $\mathbf{r} = \mathbf{r}_2 - \mathbf{r}_1$ sind,

$$\mathbf{F}_{21}(\mathbf{r}_2 - \mathbf{r}_1) = \mathbf{F}(\mathbf{r})\,.$$

Dabei heißt $\mathbf{r}$ auch *Vektor der Relativkoordinaten*. Durch mit den Massen gewichtete Addition bzw. Subtraktion der beiden Bewegungsgleichungen für $\mathbf{r}_1$ und $\mathbf{r}_2$ erhält man Gleichungen für die *Bewegung des Schwerpunkts und des Abstandsvektors*,

$$M\ddot{\mathbf{R}} = 0\,, \qquad \mu\ddot{\mathbf{r}} = \mathbf{F}(\mathbf{r})\,.$$

Die Größe μ heißt *reduzierte Masse* des Systems,

$$\mu = \frac{m_1\,m_2}{m_1 + m_2}\,.$$

Durch die hier beschriebene Zerlegung des Zweikörperproblems wird unsere Behandlung der Planetenbewegung als Einkörperproblem nachträglich gerechtfertigt, vgl. [M], Abschn. 3.5.2.

3.4 Elastischer Stoß

Die Wechselwirkung zweier Massenpunkte unter der Wirkung konservativer innerer Kräfte heißt *elastischer Stoß*. Es gilt also Energie- und Impulserhaltung. In weitem Abstand voneinander sind die Massenpunkte kräftefrei, ihre Impulse konstant, ihre potentiellen Energien verschwinden. Ungestrichene bzw. gestrichene Größen gelten für großen Abstand vor bzw. nach der Wechselwirkung. Für die kinetischen Energien bzw. die Impulse im Schwerpunktsystem gilt dann

$$\frac{\pi_1^2}{2m_1} + \frac{\pi_2^2}{2m_2} = \frac{\pi_1'^2}{2m_1} + \frac{\pi_2'^2}{2m_2}\,; \qquad \boldsymbol{\pi}_1 + \boldsymbol{\pi}_2 = \boldsymbol{\pi}_1' + \boldsymbol{\pi}_2' = 0$$

und damit

$$\boldsymbol{\pi}_1 = -\boldsymbol{\pi}_2\,, \qquad \boldsymbol{\pi}_1' = -\boldsymbol{\pi}_2'\,; \qquad \pi_1 = \pi_2 = \pi_1' = \pi_2' = \pi\,.$$

Im Schwerpunktsystem werden beim elastischen Stoß also nur die Richtungen, nicht aber die Beträge der Impulse geändert.

Als *Laborsystem* bezeichnen wir das Bezugssystem, in dem das Teilchen 2 (das *Target*) vor dem Stoß ruht, $\mathbf{p}_2 = 0$, und nur das Teilchen 1 (das *Projektil*) einen endlichen Impuls $\mathbf{p}_1$ besitzt. Mit Hilfe der Beziehungen aus Abschn. 3.2 findet man $\mathbf{p}_1 = \mathbf{p}'_1 + \mathbf{p}'_2$ und

$$\left(\mathbf{p}'_1 - \frac{m_1}{m_1 + m_2}\mathbf{p}_1\right)^2 = \pi'^2_1 = \pi^2_1 = \left(\frac{m_2}{m_1 + m_2}\right)^2 p^2_1.$$

Daraus lassen sich ohne weitere Kenntnis der Kraft zwischen den Teilchen Schlüsse über den maximalen Winkel ziehen, den die Richtungen der beiden Teilchen nach dem Stoß einschließen, vgl. [M], Abschn. 3.5.3.

Bewegung eines starren Körpers um eine feste Achse

4

Bei einem *starren Körper* bleiben die relativen Lagen seiner N Massenpunkte zueinander zeitlich unverändert, $|\mathbf{r}_i - \mathbf{r}_k| = \text{const}$; $i, k = 1, \ldots, N$. Seine Bewegung mit der Winkelgeschwindigkeit ω um eine raumfeste Achse der Richtung $\hat{\omega}$ wird durch eine *vektorielle Winkelgeschwindigkeit* $\boldsymbol{\omega}$ beschrieben. Liegt der Aufpunkt der Ortsvektoren, also der Ursprung des Koordinatensystems, in der Achse und zerlegt man den Ortsvektor eines Punktes $\mathbf{r}_i = \mathbf{r}_{i\parallel} + \mathbf{r}_{i\perp}$ in Anteile parallel und senkrecht zur Achse, so hat der Punkt die Geschwindigkeit (Abb. 4.1)

$$\mathbf{v}_i = \boldsymbol{\omega} \times \mathbf{r}_i = \boldsymbol{\omega} \times \mathbf{r}_{i\perp}.$$

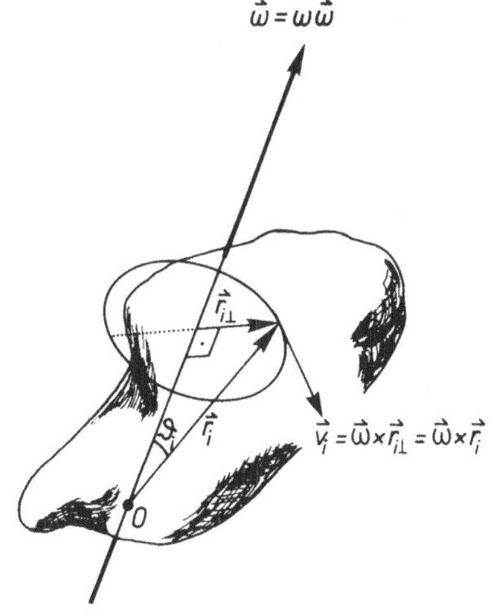

Abb. 4.1 Rotation eines starren Körpers um eine feste Achse

© Springer Fachmedien Wiesbaden 2016

S. Brandt, H.D. Dahmen, *Mechanik*, essentials, DOI 10.1007/978-3-658-13120-3_4

Der Körper hat den *Gesamtimpuls*

$$\mathbf{P} = \sum_{i=1}^{N} m_i \mathbf{v}_i = M(\boldsymbol{\omega} \times \mathbf{R}) = M(\boldsymbol{\omega} \times \mathbf{R}_\perp) \, .$$

Bei gleichförmiger Rotation, $\dot{\omega} = 0$, wirkt auf den Schwerpunkt $\mathbf{R}$ die *Zentripetalkraft*

$$\mathbf{F} = \dot{\mathbf{P}} = -M\omega^2 \mathbf{R}_\perp \, .$$

Sind die *Komponente des Drehimpulses in Achsenrichtung*

$$L_{\hat{\omega}} = \mathbf{L} \cdot \hat{\boldsymbol{\omega}}$$

und die *Komponente des Drehmoments in Achsenrichtung*

$$D_{\hat{\omega}} = \mathbf{D} \cdot \hat{\boldsymbol{\omega}} \, ,$$

sowie das *Trägheitsmoment in Achsenrichtung*

$$\Theta_{\hat{\omega}} = \sum_{i=1}^{N} m_i r_{i\perp}^2 \, ,$$

so gilt für den Zusammenhang zwischen Drehimpuls und Winkelgeschwindigkeit

$$L_{\hat{\omega}} = \Theta_{\hat{\omega}} \omega \, ,$$

für die *Bewegungsgleichung*

$$\dot{L}_{\hat{\omega}} = D_{\hat{\omega}}$$

und für die *Rotationsenergie*

$$E_{\text{rot}} = \frac{1}{2} \Theta_{\hat{\omega}} \omega^2 = \frac{1}{2\Theta_{\hat{\omega}}} L_{\hat{\omega}}^2 \, .$$

Bei verschwindendem Drehmoment gilt *Drehimpulserhaltung* und damit *Energieerhaltung*

$$L_{\hat{\omega}} = \text{const} \, , \qquad E_{\text{rot}} = \text{const} \, .$$

Verschiebt man die Achse $\hat{\boldsymbol{\omega}}$ parallel um den Abstandsvektor $\mathbf{b}_\perp$ und befindet sich der Schwerpunkt im Abstand $\mathbf{R}_\perp$ von der ursprünglichen Achse, so ist das Trägheitsmoment um die neue Achse

$$\Theta_{\hat{\omega}'} = \Theta_{\hat{\omega}} + M b_\perp^2 + 2M R_\perp b_\perp \qquad \text{(Steinerscher Satz)} \, .$$

Abb. 4.2 Physikalisches
Pendel

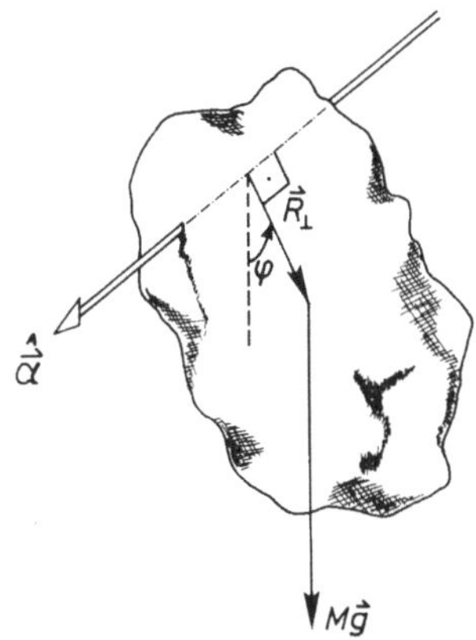

Geht die ursprüngliche Achse $\hat{\omega}$ durch den Schwerpunkt, ist also $\Theta_{\hat{\omega}} = \Theta_{\hat{\omega},\mathrm{S}}$ und $R_\perp = 0$, so gilt einfach

$$\Theta_{\hat{\omega}'} = \Theta_{\hat{\omega},\mathrm{S}} + M b_\perp^2 \,.$$

Als Beispiel betrachten wir das *physikalische Pendel*, einen starren Körper der Masse M, der um eine horizontale Achse $\hat{\omega}$ drehbar ist; die Achse steht also senkrecht auf der Erdbeschleunigung $\mathbf{g}$ (Abb. 4.2). Der Schwerpunkt des Körpers befindet sich im Abstand $\mathbf{R}_\perp$ von der Achse. Damit ist das Drehmoment in Achsenrichtung

$$D_{\hat{\omega}} = M\hat{\boldsymbol{\alpha}} \cdot (\mathbf{R}_\perp \times \mathbf{g}) = -\hat{\boldsymbol{\alpha}} \cdot (\mathbf{g}_\perp \times \mathbf{R}) = -Mg\,R_\perp \sin\varphi \,.$$

Dabei ist φ der Winkel zwischen der Richtung von $\mathbf{g}$ und $\mathbf{R}_\perp$. Für die Änderung des Drehimpulses gilt

$$\dot{L}_{\hat{\omega}} = \Theta_{\hat{\omega}}\ddot{\varphi} = \Theta_{\hat{\omega}}\dot{\omega} = -Mg\,R_\perp \sin\varphi \,.$$

Die Bewegungsgleichung für das mathematische Pendel in Abschn. 2.4 ist vom selben Typ wie die hier abgeleitete für das physikalische Pendel,

$$\ddot{\varphi} = -\frac{M R_\perp}{\Theta_{\hat{\omega}}}\,g \sin\varphi \,.$$

Das mathematische Pendel geht aus dem allgemeinen Fall des physikalischen hervor, wenn man beachtet, dass das Trägheitsmoment eines Massenpunktes M im senkrechten Abstand von $R_\perp$ von der Drehachse durch $\Theta_{\hat{\omega}} = M R_\perp^2$ gegeben ist. Die Bewegung des physikalischen, d. h. des durch einen realistischen starren Körper verwirklichten Pendels, ist durch die obige Gleichung vollständig beschrieben. Die Lösungen für $\varphi(t)$ können sofort aus Abschn. 2.4 durch die Ersetzung $\ell \to \Theta_{\hat{\omega}}/(MR_{\perp})$ entnommen werden.

Die Beschreibung der Bewegung des starren Körpers um bewegliche Achsen erfordert einen wesentlich höheren mathematischen Aufwand. Sie wird in [M], Kap. 7, unternommen.

Bezugssysteme 5

Oft ist es von Interesse, einen physikalischen Vorgang in mehr als einem Bezugssystem zu betrachten. Dazu ist es nötig, die räumlichen Koordinaten und ggf. auch die Zeit vom ursprünglichen System in ein anderes zu transformieren, also $\mathbf{r} \to \mathbf{r}', t \to t'$. Systeme, in denen das Newtonsche Trägheitsgesetz $\mathbf{F} = m\ddot{\mathbf{r}}$ gilt, nennen wir *Inertialsysteme* (von lat. inertia = Trägheit). Andere heißen *Nichtinertialsysteme*.

5.1 Inertialsysteme

In diesen Systemen führen nur *eingeprägte Kräfte* zu Beschleunigungen, nicht aber solche, die von Eigenschaften des Bezugssystems herrühren. Alle Inertialsysteme sind gleichwertig. Transformationen, die von einem Inertialsystem ins andere führen, sind räumliche und zeitliche Translationen, zeitunabhängige Rotationen, Spiegelungen und Galilei-Transformationen.

Durch eine *räumliche Translation* wird jeder Ortsvektor $\mathbf{r}$ durch Addition eines konstanten Vektors $\mathbf{b}$ in

$$\mathbf{r}' = \mathbf{r} + \mathbf{b}$$

überführt. Durch eine *zeitliche Translation* wird jeder Zeitpunkt t um die konstante Zeitdifferenz t_0 in

$$t' = t + t_0$$

überführt. Zur Diskussion der *zeitunabhängigen Rotation* mit dem Drehwinkel α um die Achse $\hat{\boldsymbol{\alpha}}$ durch den Koordinatenursprung zerlegen wir den Ortsvektor $\mathbf{r} = \mathbf{r}_\parallel + \mathbf{r}_\perp$ in Anteile parallel und senkrecht zu $\hat{\boldsymbol{\alpha}}$. Die Transformation liefert

$$\mathbf{r}' = \mathbf{r}_\parallel + \mathbf{r}_\perp \cos\alpha + \hat{\boldsymbol{\alpha}} \times \mathbf{r}_\perp \sin\alpha \,.$$

© Springer Fachmedien Wiesbaden 2016
S. Brandt, H.D. Dahmen, *Mechanik*, essentials, DOI 10.1007/978-3-658-13120-3_5

Eine *Raumspiegelung* bedeutet, dass eine oder mehrere der Komponenten r_i des Ortsvektors ihr Vorzeichen ändern, $r_i' = -r_i$. Eine *Galilei-Transformation*

$$\mathbf{r}' = \mathbf{r} + \mathbf{v}t$$

führt in ein Bezugssystem, das sich gegenüber dem ursprünglichen mit der konstanten Geschwindigkeit $\mathbf{v}$ bewegt.

Die Masse m bleibt von allen Transformationen unberührt. Der Kraftvektor $\mathbf{F}(\mathbf{r}(t))$ wird wird entsprechend seiner Abhängigkeit vom Ort und ggf. auch der Zeit transformiert. Ist die Kraft, wie durch die Schreibweise $\mathbf{r}(t)$ angedeutet, nicht explizit zeitabhängig, sondern allenfalls über eine Zeitabhängigkeit von $\mathbf{r}$, und hängt sie nur von den Relativkoordinaten $\mathbf{r}_i - \mathbf{r}_k$ einzelner Massenpunkte ab, so bleibt sie bei diesen Transformationen ungeändert, $\mathbf{F}' = \mathbf{F}$. Da offenbar auch $\ddot{\mathbf{r}}' = \ddot{\mathbf{r}}$ ist, gilt also $\mathbf{F}' = m\ddot{\mathbf{r}}'$.

5.2 Nichtinertialsysteme

Wir haben im letzten Abschnitt Transformationen behandelt, die nicht aus der Klasse der Inertialsysteme herausführen. Ihr wesentliches Merkmal ist, dass sie nur zeitunabhängige und in der Zeit lineare Terme enthalten dürfen. Bei der Diskussion von Nichtinertialsystemen beschränken wir uns auf zwei Typen von Systemen, geradlinig beschleunigte und gleichförmig rotierende.

Geradlinig beschleunigtes Bezugssystem Den Übergang von einem Inertialsystem zu einem geradlinig beschleunigten System leistet die Transformation

$$\mathbf{r}'(t) = \mathbf{r}(t) - \mathbf{b}(t)\,,$$

wobei der Vektor $\mathbf{b}(t)$ nichtlinear von der Zeit abhängt. Er gibt die Lage des Ursprungs des Nichtinertialsystems im Inertialsystem an. Im Inertialsystem gilt die Newtonsche Bewegungsgleichung $m\ddot{\mathbf{r}} = \mathbf{F}_{\mathrm{e}}(\mathbf{r})$ mit der *„eingeprägten Kraft"* $\mathbf{F}_{\mathrm{e}}$. Im beschleunigten System ist die Beschleunigung des Massenpunktes $\ddot{\mathbf{r}}'(t) = \ddot{\mathbf{r}}(t) - \ddot{\mathbf{b}}(t)$. Damit gilt als Bewegungsgleichung

$$m\ddot{\mathbf{r}}' = \mathbf{F}_{\mathrm{e}}(\mathbf{r}' + \mathbf{b}) - m\ddot{\mathbf{b}}\,.$$

Man kann diese Beziehung in die Form

$$m\ddot{\mathbf{r}}' = \mathbf{F}'(\mathbf{r}') = \mathbf{F}_{\mathrm{e}}(\mathbf{r}' + \mathbf{b}) + \mathbf{F}_{\mathrm{S}} = \mathbf{F}_{\mathrm{e}}'(\mathbf{r}') + \mathbf{F}_{\mathrm{S}}$$

bringen, wobei allerdings die Beschleunigung im Nichtinertialsystem nicht nur von den eingeprägten Kräften $\mathbf{F}_e$ herrührt, sondern auch von der zusätzlichen *Scheinkraft* oder *Trägheitskraft* $\mathbf{F}_S = -m\ddot{\mathbf{b}}$. Die Einführung solcher Scheinkräfte ist nötig, wenn man auch in beschleunigten Bezugssystemen die physikalischen Vorgänge durch die Newtonsche Bewegungsgleichung beschreiben will. Betrachten wir als Beispiel einen Autofahrer. Durch seine Gewichtskraft, die hier die eingeprägte Kraft ist, wird er auf den Sitz gedrückt. Beschleunigt er, so ist $\ddot{\mathbf{b}} > 0$, also $\mathbf{F}_S < 0$, und er wird gegen die Rückenlehne gedrückt. Bremst er aber ab, d. h. ist $\ddot{\mathbf{b}} < 0$ und damit $\mathbf{F}_S > 0$, so verspürt er eine Kraft nach vorn in den Sicherheitsgurt hinein.

Gleichförmig rotierendes Bezugssystem Wir vergleichen die Bewegung eines Massenpunkts in einen Inertialsystem mit den zeitunabhängigen Basisvektoren $\mathbf{e}_i$ mit der in einem gleichförmig rotierenden System. Die Rotation ist durch den konstanten Vektor $\boldsymbol{\omega}$ der Winkelgeschwindigkeit gekennzeichnet. Seine Richtung $\hat{\boldsymbol{\omega}}$ ist die Richtung der durch den Koordinatenursprung verlaufenden Drehachse; sein Betrag ω ist der Betrag der Winkelgeschwindigkeit. Im rotierenden Bezugssystem sind die Basisvektoren $\mathbf{e}_i'$ zeitabhängig. Ihre Zeitableitung ist $\dot{\mathbf{e}}_i' = \boldsymbol{\omega} \times \mathbf{e}_i'$. Ort bzw. Geschwindigkeit des Massenpunkts im Inertialsystem sind

$$\mathbf{r}(t) = \sum_i r_i(t)\mathbf{e}_i \quad \text{bzw.} \quad \dot{\mathbf{r}}(t) = \sum_i \dot{r}_i(t)\mathbf{e}_i \,.$$

Im Inertialsystem gilt die Newtonsche Gleichung $m\ddot{\mathbf{r}}(t) = \mathbf{F}_e$ mit der *eingeprägten Kraft* $\mathbf{F}_e$. Im rotierenden System ist

$$\dot{\mathbf{r}}(t) = \sum_i \dot{r}_i'(t)\mathbf{e}_i' + \sum_i r_i'(t)\dot{\mathbf{e}}_i' = \sum_i \dot{r}_i'(t)\mathbf{e}_i' + \sum_i r_i'(t)\boldsymbol{\omega} \times \mathbf{e}_i' \,.$$

Wir bezeichnen mit

$$\mathbf{v}_{\text{rel}}' = \sum_i \dot{r}_i'(t)\mathbf{e}_i'$$

die Geschwindigkeit des Massenpunktes relativ zum rotierenden Koordinatensystem und mit

$$\mathbf{v}_{\text{rot}}' = \sum_i r_i'(t)\boldsymbol{\omega} \times \mathbf{e}_i'(t) = \boldsymbol{\omega} \times \mathbf{r}(t)$$

die Geschwindigkeit, die ein zeitunabhängiger Vektor $\mathbf{r}$ im rotierenden Koordinatensystem erhält. Damit ist

$$\dot{\mathbf{r}} = \mathbf{v}_{\text{rel}}' + \mathbf{v}_{\text{rot}}' \,.$$

Die Beschleunigung des Massenpunktes ist $\ddot{\mathbf{r}}(t)$. Im Inertialsystem dargestellt lautet sie

$$\ddot{\mathbf{r}}(t) = \sum_i \ddot{r}_i(t)\mathbf{e}_i \,.$$

Im rotierenden System erhalten wir

$$\ddot{\mathbf{r}}(t) = \sum_i \ddot{r}_i'\mathbf{e}_i' + 2\sum_i \dot{r}_i'\boldsymbol{\omega}\times\mathbf{e}_i' + \sum_i r_i'\boldsymbol{\omega}\times(\boldsymbol{\omega}\times\mathbf{e}_i)\,.$$

Die Beschleunigung im rotierenden System setzt sich aus drei Anteilen zusammen

$$\ddot{\mathbf{r}} = \mathbf{a}_{\mathrm{rel}}' - \mathbf{a}_{\mathrm{c}}' - \mathbf{a}_{\mathrm{z}}'\,.$$

Hier bedeuten

$$\mathbf{a}_{\mathrm{rel}}' = \sum_i \ddot{r}_i'(t)\mathbf{e}_i'(t)$$

die Beschleunigung relativ zum rotierenden System,

$$\mathbf{a}_{\mathrm{c}}' = -2\sum_i \dot{r}_i'(t)\boldsymbol{\omega}\times\mathbf{e}_i'(t) = -2\boldsymbol{\omega}\times\mathbf{v}_{\mathrm{rel}}'$$

die *Coriolisbeschleunigung* und

$$\mathbf{a}_{\mathrm{z}}' = -\sum_i r_i'(t)\boldsymbol{\omega}\times(\boldsymbol{\omega}\times\mathbf{e}_i'(t)) = -\boldsymbol{\omega}\times(\boldsymbol{\omega}\times\mathbf{r}(t))$$

die *Zentrifugalbeschleunigung*. Die Coriolisbeschleunigung steht senkrecht auf der Richtung der Relativgeschwindigkeit und der Richtung der Winkelgeschwindigkeit. Der Ausdruck für die Zentrifugalbeschleunigung lässt sich mit Hilfe des Entwicklungssatzes für das doppelte Kreuzprodukt in die Form

$$\mathbf{a}_{\mathrm{z}}' = \omega^2\mathbf{r} - (\boldsymbol{\omega}\cdot\mathbf{r})\boldsymbol{\omega} = \omega^2\mathbf{r}_\perp$$

bringen. Hier ist $\mathbf{r}_\perp$ die Komponente des Ortsvektors senkrecht zur Winkelgeschwindigkeit,

$$\mathbf{r} = \mathbf{r}_\parallel + \mathbf{r}_\perp\,, \qquad \mathbf{r}_\parallel = (\hat{\boldsymbol{\omega}}\cdot\mathbf{r})\hat{\boldsymbol{\omega}}\,.$$

Setzen wir den Ausdruck $\ddot{\mathbf{r}} = \mathbf{a}_{\mathrm{rel}}' - \mathbf{a}_{\mathrm{c}}' - \mathbf{a}_{\mathrm{z}}'$ in die Bewegungsgleichung $m\ddot{\mathbf{r}}(t) = \mathbf{F}_{\mathrm{e}}$ ein und lösen nach $\mathbf{a}_{\mathrm{rel}}'$ auf, so erhalten wir

$$m\mathbf{a}_{\mathrm{rel}}' = \mathbf{F}' = \mathbf{F}_{\mathrm{e}} + \mathbf{F}_{\mathrm{c}}' + \mathbf{F}_{\mathrm{z}}'\,.$$

Dabei sind $\mathbf{F}'_c = m\mathbf{a}'_c$ die *Corioliskraft* und $\mathbf{F}'_z = m\mathbf{a}'_z$ die *Zentrifugalkraft*. Will man die Bewegung im gleichförmig rotierenden Bezugssystem auch durch eine Newtonsche Bewegungsgleichung der Form $m\mathbf{a}'_{rel} = \mathbf{F}'$ beschreiben, so treten also zusätzlich zu der aus dem Inertialsystem bekannten eingeprägten Kraft zwei Scheinkräfte auf, nämlich die Coriolis- und die Zentrifugalkraft. Wir betrachten zwei einfache Beispiele. *1.* Ein Kind sitzt auf einem Holzpferd eines Karussells, das sich mit der Winkelgeschwindigkeit ω dreht; seine Geschwindigkeit $\mathbf{v}'_{rel}$ relativ zum Karussell verschwindet und damit die Corioliskraft. Es verbleibt die Zentrifugalkraft, die das Kind nach außen drückt, so dass es sich an das Pferd klammern muss. *2.* Die Mutter des Kindes steht außerhalb des Karussells im Abstand $\mathbf{r}_\perp$ von dessen Achse. Relativ zum Karussell bewegt sie sich auf einem Kreis mit der Geschwindigkeit $\mathbf{v}'_{rel} = \mathbf{r}_\perp \times \boldsymbol{\omega}$; dazu muss sie die Zentripetalbeschleunigung $\mathbf{a}'_{rel} = -\omega^2 \mathbf{r}_\perp$ erfahren. Diese ergibt sich tatsächlich als die Summe von Coriolis- und Zentrifugalbeschleunigung,

$$\mathbf{a}'_{rel} = 2\boldsymbol{\omega} \times (\boldsymbol{\omega} \times \mathbf{r}_\perp) + \omega^2 \mathbf{r}_\perp = -2\omega^2 \mathbf{r}_\perp + \omega^2 \mathbf{r}_\perp = -\omega^2 \mathbf{r}_\perp \, .$$

Was Sie aus diesem Essential mitnehmen können

Mitnehmen können Sie Kenntnisse zu folgenden Themen:

- Grundbegriffe Raum, Zeit, Masse; deren Dimensionen und Einheiten
- Abriss der Vektorrechnung
- Newtonsche Gesetze, angewandt auf einen Massenpunkt: Pendel, Fall und Wurf, Planetenbewegung
- abgeleitete Begriffe: Energie, Impuls, Drehmoment, Drehimpuls, Leistung und Wirkung
- Dynamik mehrerer Massenpunkte, Erhaltungssätze für Energie, Impuls und Drehimpuls
- Bewegung des starren Körpers um eine raumfeste Achse
- Inertial- und Nichtinertialsysteme, Trägheitskräfte

© Springer Fachmedien Wiesbaden 2016
S. Brandt, H.D. Dahmen, *Mechanik*, essentials, DOI 10.1007/978-3-658-13120-3

Literatur

Brandt, S., & Dahmen, H.D. (2005). *Mechanik – Eine Einführung in Experiment und Theorie*. 4. Aufl., Berlin Heidelberg: Springer, im Text zitiert als [M].

Demtröder, W. (2013). *Experimentalphysik I – Mechanik und Wärme*. 6. Aufl., Berlin Heidelberg: Springer.

Fließbach, T. (2014). *Mechanik: Lehrbuch der Theoretischen Physik I*. 7. Aufl., Berlin Heidelberg: Springer Spektrum.

Meschede, D. (Hrsg.). (2015). *Gehrtsen Physik*. 25. Aufl., Berlin Heidelberg: Springer Spektrum.